PHYSIOLOGIE

DE LA DIGESTION

PROCÉDÉ d'ANALYSE

DU LIQUIDE STOMACAL

par le Docteur B. CHALMET

LANDERNEAU

Imprimerie, Reliure J. DESMOULINS,

1906.

PHYSIOLOGIE
DE LA DIGESTION

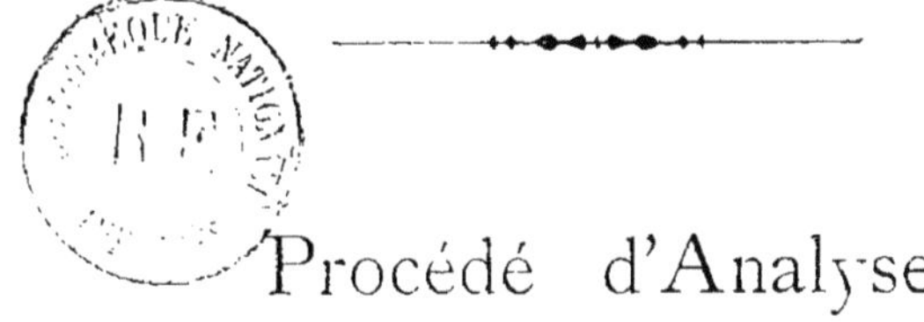

Procédé d'Analyse

DU LIQUIDE STOMACAL

La tendance actuelle est d'élargir la conception des dyspepsies. Pour beaucoup de médecins, on n'est pas primitivement malade de l'estomac; il existe, encore moins, une dyspepsie primitivement ou glandulaire, ou muqueuse, ou névro-musculaire, ou même de maladie primitive de l'un des segments du tube digestif ; primitivement, il fonctionne mal, en son entier, dans tous ses éléments. C'est seulement après que l'estomac, pendant un certain temps, a, suivant l'expression si suggestive de M. Mathieu, *défendu* l'intestin à ses dépens, ou ne l'a pas *défendu,* que des lésions se localisant, la dyspepsie peut devenir une gastrite, un ulcère juxtà-pylorique, une entérite, un ulcère duodénal, une appendicite. Mais, au début, les troubles sont fonctionnels et dépendent de l'innervation, ce mot pris dans le sens de la répartition de l'ensemble des excitations qui constituent la vie (Van Gehuchten) et mettent en jeu les divers réflexes.

Les richissimes lacis nerveux du pneumo-gastrique et du grand sympathique, avec tous leurs plexus et leurs ganglions nerveux, font au tube digestif comme une atmosphère de matière nerveuse. L'excitabilité, *réponse possible aux agents excitants,* de cette atmosphère, en relation avec la moëlle épinière et le cerveau, varie, chez un individu examiné, suivant le rapport qui existe entre la dépense et la production de l'énergie nerveuse, et suivant la distribution habituelle de la quantité d'énergie nerveuse accumulée, répartition consolidant ou non le chemin de certains réflexes, c'est-à-dire suivant le genre de vie au triple point de vue moral, physique, intellectuel. En un mot, le dynamisme digestif c'est " l'homme même " (Mahé)[1].

La pratique journalière des maladies gastro-intestinales ne semblant pas toujours suffisamment éclairée par des signes, objectifs ou subjectifs, qui manquent trop souvent de signification précise, notre but a été, depuis longtemps, de rechercher comment l'analyse du liquide stomacal, une heure après le repas d'Ewald, véritable expérience de physiologie chez l'homme non inférieure au traumastisme expérimental chez les animaux, permet de juger l'excitation digestive, à son début, et, par elle, l'état nerveux du sujet.

---

[1] Archives de Médecine Navale 1871, page 120.

— 3 —

Nous allons essayer d'exposer brièvement les considérations qui ont servi de bases à notre procédé et ce procédé.

Paulow a démontré : [1]

1° Que l'acide[2] est le meilleur excitant de la sécrétion pancréatique, sécrétion d'abord alcaline, faible en éléments organiques (ferments)[3].

2° Que l'acide est la cause du barrage temporaire pylorique, tant qu'il n'est pas neutralisé[4].

Qu'est-ce que cela veut dire, sinon que l'acide est le meilleur excitant de sa propre neutralisation, et la cause d'un barrage d'autant plus court qu'il provoque plus rapidement sa neutralisation ?

Dès lors, l'acidité du liquide stomacal, d'une part, — de l'autre, la rapidité de la sécrétion pancréatique, la neutralisation du jet stomacal acide et le passage pylori-

------

[1] Le travail des glandes digestives. Traduction Pochon et Sabrazès.

[2] Qu'il soit un excitant direct ou indirect, qu'il agisse par un processus réflexe (Paulow) ou par un processus humoral : destruction de la substance empêchante (antisécrétine) (Delezenne et Pozerski) permettant l'action de la sécrétine sur le pancréas (Bayliss et Starling).

[3] Paulow. Loco cit. pages 192. 194.

[4] Paulow. Loco cit. pages 264. 265.

On savait déjà :

— que la trypsine et les ferments pancréatiques n'agissent que dans une solution alcaline ; Coulier. Dict. encycl. Peptones. page 720.
— qu'il n'y a pas de digestion pancréatique en milieu acide. Linossier. Comm. à la soc. de biol. et à la soc. des sc. méd. de Lyon. 1er et 12 Mars 1897.

que (évacuation par jets successifs de l'estomac), — sont des éléments surbordonnés l'un à l'autre.

Or, l'acidité chlorhydrique stomacale est liée à la rapidité de la sécrétion gastrique :

— non seulement parce que le liquide s'écoulant rapidement est moins rapidement neutralisé par le mucus alcalin de la paroi stomacale (Paulow) [1] ;

— mais aussi parce que la vitesse et l'activité de la sécrétion gastrique n'augmentent ensemble que jusqu'à un certain point au-delà duquel la vitesse seule s'accroit, l'activité diminuant (Paulow) ; au-delà duquel, ajouterons-nous, (conséquence échappant à l'observation de Paulow qui, dans son petit estomac isolé, n'a pu étudier tout le travail du suc gastrique en conflit avec l'aliment), l'HCL ne forme plus, à cause de l'insuffisance du ferment, autant de chlore combiné avec l'aliment (produit transitoire nécessaire avant la peptonisation (Winter), et, moins utilisé, reste libre en plus grande partie.

Donc, la loi de la synergie fonctionnelle, nécessaire et admissible à priori, la loi, dite de Marey, d'harmonie des fonctions de la vie se trouve, ici, confirmée et expliquée :

au moyen de l'acidité stomacale, chainon qui les unit, les sécrétions gastrique et pancréatico-duodénale sont parallèles; l'excitation stomacale (acidité) et le passage pylorique (neutralisation) augmentent ou diminuent ensemble.

---

[1] Loc. cit. pages 46. 48.

Comment l'accord peut-il cesser ?

Le mot *excitation*, qu'il faut définir, signifie, pour nous, un résultat : le résultat

— consécutif à *l'appel* d'un *agent excitant*,
— évidemment variable, à la fois, suivant la durée et l'intensité de l'appel, et suivant la possibilité de la *réponse*, c'est-à-dire suivant l'*excitabilité*, la tension nerveuse, le voltage, l'énergie accumulée dans les centres nerveux.

Après un repas d'épreuve toujours le même, après un appel identique, le travail digestif, la réponse, dépend de l'excitabilité nerveuse du sujet.

Suivant le degré d'excitabilité :

du côté stomacal, la rapidité sécrétoire et l'acidité sont plus ou moins grandes ;

du côté duodénal, la sécrétoin alcaline neutralisante, et, par conséquent, le passage pylorique sont plus ou moins rapides.

— Chez les hyperexcitables, beaucoup d'excitabilité, c'est :

une grande rapidité sécrétoire gastrique,

beaucoup d'HCL libre,

beaucoup de neutralisation effectuée rapidement par la sécrétion pancréatique alcaline,

un passage pylorique rapide (par jets plus abondants et plus rapprochés).

— Chez les hypoexcitables, peu d'excitabilité, c'est, inversement :

peu de rapidité sécrétoire gastrique,

peu d'HCL libre,

peu de neutralisation effectuée lentement par la sécrétion pancréatique alcaline,

un passage pylorique lent (par jets moins abondants et moins rapprochés).

Mais, une durée plus ou moins longue de leurs troubles fonctionnels fatigue les hypers et augmente l'affaiblissement des hypos.

— Chez les hypers, quand l'excitabilité nerveuse diminue à cause de la fatigue due à toute surexcitation prolongée, le travail stomacal qui précède le transit pylorique diminue, par la dépense nerveuse qu'il occasionne, l'excitabilité disponible au moment de l'appel pancréatico-duodénal ; le parallélisme tend à se détruire entre les deux sécrétions, aux dépens de la sécrétion pancréatique ; l'évacuation de l'estomac tend à se ralentir.

L'aliment trop longtemps retenu se dissocie en produits anormaux (excitants chimiques). Malgré l'affaiblissement de l'excitabilité, l'appel de l'agent excitant, en suivant d'abord une progression inverse, en devenant plus intense et plus prolongé, détermine, dans l'estomac privé de repos, un cercle vicieux entre la rétention et l'irritation, jusqu'à ce que les progrès de l'épuisement nerveux diminuent à la fin la possibilité de la réponse à l'irritation.

L'excitation plus ou moins continue, c'est la sécrétion gastrique plus ou moins continue[1], une congestion chronique du double réseau vasculaire de la tunique muqueuse et de la tunique celluleuse de la grande poche stomacale, l'ulcère de l'antre prépylorique, et, d'après la loi de l'assimilation fonctionnelle (F. Le Dantec)[2], une prolifération cellulaire qui produit l'hypertrophie interstitielle, l'hypertrophie glandulaire des cellules pariétales, des cellules principales (gastrites diverses de M. Hayem). L'organe de défense de l'intestin qu'est, avant tout, l'estomac (Mathieu), devient malade en défendant l'intestin.

— Chez les hypos, où il paraîtrait absolument incompréhensible, à notre avis, de séparer l'excitabilité musculaire des excitabilités glandulaire et circulatoire, le défaut d'excitabilité peut aller jusqu'à l'atonie du pylore.[3]

Le pylore (pulê, ouros porte, gardien), portier de l'intestin (Cruveilhier), est ordinairement, comme les

---

[1] M. Le Ven a parlé de l'excrétion aqueuse de l'estomac et de sécrétion continue avant Reichmann. (Gaz. des Hôp. 13 Xbre 79, 2 août 77.)

[2] F. Le Dantec. Théorie nouvelle de la vie (pages 251, 107, 222, 247.)

[3] A moins de tumeur pylorique (nou canalisée) ou de brides de périgastrite avec adhérences aux organes voisins.

autres sphincters, fermé par la tonicité de ses fibres lisses circulaires.

L'ouverture a lieu immédiatement pour l'eau (ce qui empêche la dilution du suc gastrique) et les dissolutions (liquides isotoniques au sérum) (Expériences de Carnot et Chassevant sur l'ovo-albumine). Mais la régulation pylorique pour les liquides isotoniques n'est qu'un point de la question. Après l'évacuation du liquide du 'repas d'Ewald non retenu par le pain, le pylore ne doit plus s'ouvrir que quand, à la fois, il y a des peptones acides du côté stomacal et un contenu alcalin du côté duodénal. Dès que le contenu intestinal est acide, le pylore se referme. Son ouverture ne pouvant être qu'un arrêt, une suspension de la fermeture, une inhibition de la tonicité, sa fermeture est la cessation de l'inhibition, la reprise de la tonicité et non un véritable réflexe de fermeture[1]. Si la tonicité est plus ou moins affaiblie, le pylore reste plus ou moins ouvert, plus ou moins insuffisant : la muqueuse duodénale ne règle plus, et n'a d'ailleurs plus à régler dans les cas où l'acide fait défaut, le passage du contenu stomacal ; le transit pylorique n'indique plus l'excitabilité pancréatico-duodénale; l'intestin ne se défend plus.[2]

---

[1] L'acide avec les peptones produirait-il, d'un côté du détroit pylorique, une excitation sur le pneumo-gastrique (inhibiteur), et, de l'autre côté du détroit, un effet inverse, une deuxième excitation annulant la première?

[2] que par le sphincter duodénal, au-dessous du canal commun, décrit, il y a un an, par le Dr Américain Ochsner, et encore faut-il que ce sphincter ait conservé sa tonicité.

Voilà donc la formule dichotomique des troubles digestifs que nous croyons, dès maintenant, pouvoir proposer :

Dans l'hyperexcitabilité :

d'abord, excitation stomacale et passage pylorique plus ou moins augmentés ensemble,

puis, plus ou moins d'écart aux dépens du passage pylorique.

Dans l'hypoexcitabilité :

d'abord, excitation stomacale et passage pylorique plus ou moins diminués ensemble,

puis, plus ou moins d'écart aux dépens de l'excitation stomacale.[1]

Comment mesurer

1° l'excitation stomacale ?

2° le passage pylorique ?

1° Pour mesurer l'excitation stomacale, au lieu de l'acidité chlorhydrique, assez longue et difficile à trouver, nous recherchons la densité du liquide extrait et filtré, qui nous servira de plus pour l'appréciation du passage pylorique.

Le repas d'épreuve ordinaire (repas d'Ewald) est un repas de pain ;

(3) On est orienté vers l'hyper ou l'hypo-excitabilité par suite d'une disposition congénitale de la cellule nerveuse, les hypos appartenant probablement à des générations plus épuisées que les hypers.

Le pain, roi des farineux, contenant 6 fois plus d'amidon que de matière azotée : $\dfrac{\text{amidon}}{\text{matière azotée}} \dfrac{47,81}{8,10}$ (Coulier, Dict. encycl., art. pain, page 672), sa digestion donne plus de glycose (amidon transformé par la salive) que de peptone (matière azotée transformée par le suc gastrique);

plus de glycose que de peptone, en *totalité*, et en *proportion* dans 100$^{c.c.}$ de dissolvant, puisque la salive est moins abondante que le suc gastrique,[1] que la glycose est dissoute dans moins de dissolvant que la peptone ;

plus de matière à dissoudre dans moins de dissolvant, pour le liquide de la digestion salivaire, c'est plus de résidu %, plus de densité que pour le liquide de la digestion gastrique (on peut supposer, au point de vue de la démonstration, que le liquide de digestion salivaire est seul et que la sécrétion gastrique s'ajoute ensuite);

dans le liquide stomacal du repas d'épreuve, mélange des deux digestions, solutions étendues l'une par l'autre, la sécrétion gastrique dilue la solution de glycose sans avoir à dissoudre, en *totalité*, et en *proportion* dans 100$^{c.c.}$ de dissolvant, un poids de pep-

---

(1) La sécrétion de la salive est évaluée à 1500 grammes par 24 heures; la sécrétion du suc gastrique a été parfois évaluée au 10e du poids du corps.(Küss et M. Duval. Physiol. 5e éd. pages 291, 317)

tone, dilué d'ailleurs par la salive, qui puisse compenser cette dilution de la glycose ;

la densité du mélange est, par suite, moindre que la densité du liquide de digestion salivaire seul, et, elle diminue avec l'augmentation de la sécrétion gastrique, d'autant plus que, pour la sécrétion gastrique, la vitesse et l'activité ne vont ensemble que jusqu'à un certain degré à partir duquel, l'activité diminuant, la vitesse seule s'accroît (Paulow).

Donc :

La densité du liquide stomacal est en raison inverse de la vitesse de la sécrétion gastrique, après le repas d'Ewald.

Densité forte : il y a peu de peptone et beaucoup de glycose, il n'y a, pour ainsi dire, que de la glycose ; la vitesse de la sécrétion gastrique est faible.

Densité moyenne[1] : il y a de la glycose et de la peptone ; la vitesse de la sécrétion gastrique est moyenne.

Densité faible : il y a peu de glycose et de peptone, peu de glycose surtout ; la vitesse de la sécrétion gastrique est grande.

---

[1] S'il n'y a pas ou presque pas de peptone, avec une quantité moyenne de glycose, c'est que la puissance salivaire est moindre : la vitesse de la sécrétion gastrique est alors faible, malgré la densité moyenne. Aussi, pour admettre que la densité du liquide stomacal représente la vitesse de la sécrétion gastrique, faut-il rechercher l'intensité des réactions de la glycose (ébullition prolongée avec la potasse), et de la peptone (réaction du biuret (sulfate de cuivre et lessive de soude).

On a dit que la salive agit pendant les cinq minutes qui existent avant la sécrétion gastrique (Paulow)[1] que l'amylolyse commence dans la bouche et se continue dans l'estomac pendant le temps très court qui précède la sécrétion d'HCL (Ewald, Boas)[2]. Si cela était exact, malgré la continuation de déglutition de la salive, il nous semble que la glycose serait toute évacuée après une heure ; or, sur 135 observations, nous n'avons rencontré que 3 fois l'absence de glycose dans le liquide stomacal (chez 3 hypers), et même, 1 heure 1/2, 1 heure 3/4 après le repas d'Ewald, nous en avons toujours constaté la présence.

2° Pour indiquer notre façon de mesurer le passage pylorique, nous devons entrer dans quelques détails.

Jusqu'à présent, on étudie, par les analyses, ce qu'on retire de l'estomac sans chercher à connaître ce qu'il a pu évacuer avant l'extraction.

Le travail digestif qui a suivi le repas d'épreuve a eu cependant deux périodes :

l'une, jusqu'au dernier jet, inclusivement,

l'autre, après le dernier jet,

en raison du mode d'évacuation de l'estomac (vertical chez l'adulte) par jets successifs dans le duodenum.

[1] Loco cit. page 59.
[2] L'analyse du suc gastrique. G. Lyon. page 20. (Paris 1890)

Eh bien ! si, d'un côté, on s'applique à extraire le mieux possible tout ce qu'il y a dans l'estomac, une heure après le repas d'Ewald,

si, d'autre part, on connait le poids de la salive et de l'eau que retiennent les 60 grammes de pain mâchés soigneusement, poids, variable suivant la mastication[1], que l'expérience nous a démontré égal, en moyenne, au poids du pain 60 grammes,

on peut, après la filtration complète du liquide stomacal extrait, avoir une idée de ce que l'estomac a évacué du repas d'épreuve, en retranchant

— de 120 grammes, poids primitif, (chiffre peut-être un peu faible),

— le poids du pain, plus ou moins désagrégé, resté sur le filtre,

et le poids du résidu dissout, filtré avec le liquide, calculé approximativement d'après la formule :

$$\frac{Q^f \times 1/4\,D}{100}$$

Q^f volume en c. c. du liquide filtré

D 2 derniers chiffres d'une densité à 3 décimales.

Le chiffre trouvé E[2] représente l'évacuation avant et avec le dernier jet qui a précédé l'extraction.

---

[1] La mastication diminue la porosité du pain (et augmente l'insalivation) : il retient moins d'eau. Pour avoir des résultats comparables, il faut dire de manger le pain cassé à la main, sans le tremper dans l'infusion de thé légère.

[2] Bien entendu, on met un même filtre sec dans l'autre plateau de la balance, et on tient compte du liquide imbibant le filtre : pour un filtre Waguet n° 4, 10 grammes, en moyenne, qui doivent être ajoutés au poids du liquide filtré et retranché du poids du pain pesé dans le filtre.

C'est le passage pylorique dans une première période où les jets sont plus ou moins abondants, plus ou moins espacés, pendant un temps plus ou moins long de la première heure.

La durée de cette première période est d'autant plus longue que la deuxième période (depuis le dernier jet) est plus courte, et inversement, d'autant plus courte que la deuxième période est plus longue ; la première heure du travail digestif est partagée en deux parties très inégales. Le chiffre E indique la quantité du repas d'épreuve évacuée avant et avec le dernier jet, il ne montre pas la durée de cette évacuation qui dépend de la durée de la deuxième période.

Celle-ci est facile à apprécier, si on songe à considérer à la fois la quantité du liquide filtré Q' et la vitesse de la sécrétion gastrique (abondance de la sécrétion en un temps donné), c'est-à-dire la densité D. Il est évident qu'une même quantité de liquide indique un meilleur transit, une évacuation arrêtée depuis moins de temps, si la vitesse sécrétoire est grande que si elle est faible. Autrement dit, la durée de la deuxième période est fonction à la fois de la quantité de liquide et de la densité qui augmente avec la lenteur de la sécrétion, ce qu'on peut exprimer par la formule $Q'D$.

Plus $Q'D$ sera fort, plus la deuxième période aura

été longue et la première raccourcie (transit moins continu) ;

Plus $Q'D$ sera faible, plus la deuxième période aura été courte et la première allongée (transit plus continu).

Ainsi, après avoir fait une extraction aussi complète que possible à diverses profondeurs, on filtre le liquide dans une grande éprouvette graduée. En notant le niveau du liquide à la fin de la filtration qui doit être assez longue pour être bien terminée, on a la valeur Q', après avoir ajouté $10^{c.\,c}$ au chiffre trouvé à cause du liquide imbibant le filtre[1];

on prend la densité au densimètre à urines : D;

on calcule $Q'D$ (Q' multiplié par les 2 derniers chiffres d'une densité à 3 décimales);

on pèse le pain resté sur le filtre, on retranche 10 grammes du poids trouvé pour le liquide imbibant le filtre ; on a p. p. ;

on calcule E, comme il a été dit plus haut, en retranchant :

— de 120 grammes, poids de la salive et de l'eau (que retiennent les 60 grammes de pain mâchés soigneusement, non trempés dans le thé) ajouté aux 60 grammes de pain,

---

[1] Filtre Waguet nº 4.

$$- \begin{cases} \text{p. p.,} \\ \text{et } \dfrac{Q^r \times 1/4\,D}{100} \end{cases} \text{(poids approximatif du résidu dissout}$$

filtré avec le liquide).

Pour tirer parti des valeurs trouvées D, Q'D, E, nous les comparons aux valeurs :

$$\begin{aligned} E &= 60 \\ Q^r &= 100 \\ D &= 24 \ (1{,}024) \end{aligned} \quad \begin{cases} Q'D = 2400 \end{cases}$$

considérées comme normales (un peu arbitrairement, ce qui est forcé à cause de l'impossibilité de connaitre sûrement l'état normal). Ces points de comparaison sont nécessaires pour établir des rapports. Il suffit de savoir que leur exactitude n'est jamais absolue et de ne tabler que sur des différences bien nettes.

Les chiffres que nous indiquons ont été choisis d'après les moyennes calculées sur 123 cas avec quelques corrections dues au plus ou moins de fréquence des types observés.

Sur 123 observations de malades, la moyenne a été:

pour E = 62. Nous avons presque admis ce chiffre (60, chiffre choisi), parce qu'il y a une compensation

entre l'évacuation rapide des hypers non fatigués et des hypos plus fatigués (insuffisance pylorique), d'un côté,

et l'évacuation lente des hypers fatigués et des hypos simples, d'autre part.

pour $Q' = 113$. Nous l'avons diminué et choisi le chiffre 100 parce qu'il y a plus d'hypers de divers degrés (sécrétant plus, ou retenant plus), que d'hypos (sécrétant moins, ou retenant moins, par atonie pylorique).

pour $D = 26,7$ (1,0267). Nous l'avons diminué et admis le chiffre 24, parce que les hypers fatigués au dernier degré, les hypos simples ou avec insuffisance pylorique ont une densité augmentée ; il n'y a que les hypers non fatigués et aux premiers degrés de fatigue avec une densité diminuée.

Dans un cas particulier, nous étudions donc les trois rapports :

le rapport $\dfrac{E}{60}$, il représente l'évacuation dans la première période $\begin{cases} = \\ > \text{ I} \\ < \end{cases}$

le rapport $\dfrac{Q'D}{2400}$, il indique la durée de la deuxième période (après le dernier jet). $\begin{cases} = \\ > \text{ I} \\ < \end{cases}$

le rapport $\dfrac{24}{D}$, c'est l'excitation stomacale, en $\left.\begin{matrix} = \\ > \\ < \end{matrix}\right\}\, 1$ raison inverse de la densité[1].

Le rapport $\dfrac{Q\,'\,D}{2400}$ fait le partage entre les deux périodes, la première, jusqu'au dernier jet inclusivement, la deuxième, depuis le dernier jet, l'allongement ou le raccourcissement de la deuxième période raccourcissant ou allongeant d'autant la première période. On peut avoir une idée approximative du temps que durent normalement ces deux périodes, en considérant les cas très rares où il n'y a presque qu'une seule période : la seconde, si l'évacuation est arrêtée presque de suite après le repas d'épreuve ; la première, si l'évacuation est presque continue.

En effet, si dans une heure, la deuxième période peut être, au plus ou au moins, n fois plus longue ou plus courte que normalement, c'est que normalement la deuxième période est le n⁰ d'une heure.

Nous avons trouvé qu'elle pouvait être au plus environ 6 fois plus longue, au moins 6 fois plus courte que normalement, la deuxième période serait donc normalement de 10 minutes, le 6ᵉ d'une heure, et la première période d'une heure moins 10 minutes, de 50 minutes.

---

[1] A moins de puissance salivaire amoindrie (pas ou presque pas de peptone avec une densité moyenne).

Ordinairement, le temps de la deuxième période est en raison inverse du travail digestif effectué,

ce qu'on exprime par le rapport inverse du précédent

$$\frac{2400}{Q^f D} \;\gtrless\; 1 \quad (4^e \text{ rapport})$$

Il indique toujours, au moins, un arrêt plus ou moins long de l'évacuation, c'est-à-dire le plus ou moins de continuité de l'évacuation (continuité en raison inverse de la durée de la deuxième période).

D'après les maxima et les minima observés pour chacun des trois rapports $\dfrac{E}{60}$, $\dfrac{2400}{Q^f D}$, $\dfrac{24}{D}$

$\dfrac{E}{60}$ variable théoriquement de o (évacuation nulle) à 2 (évacuation complète)

$\dfrac{2400}{Q^f D}$ variable de o,16 à 8

$$Q^f D \quad 848 \times 16 = 13568 \qquad Q^f D = 24 \times 12,5 = 300$$

(maximum observé pour $Q^f D$)   (minimum observé pour $Q^f D$)

$\dfrac{24}{D}$ variable de o,40 à 3

$$D - 1,059 \qquad\qquad D = 1,008$$

(maximum observé)   (minimum observé)

On a établi, une fois pour toutes, le tableau d'équivalence de l'augmentation ou de la diminution de ces valeurs.

On est ainsi en mesure de savoir :

1° si les rapports $\dfrac{2400}{Q^f D}$, continuité de l'évacuation, et $\dfrac{24}{D}$, excitation stomacale,

sont, et de combien, augmentés (hypers) ou diminués (hypos) ensemble, sans grande différence.

2° ou, au cas contraire,

si le rapport $\dfrac{2400}{Q^fD}$, continuité de l'évacuation, est bien plus petit que le rapport $\dfrac{24}{D}$, excitation stomacale, ce qui indique l'irritation gastrique ;

si le rapport $\dfrac{2400}{Q^fD}$, continuité de l'évacuation, est bien plus grand que le rapport $\dfrac{24}{D}$, excitation stomacale, ce qui indique la diminution de la tonicité pylorique.

Quand on ne trouve pas une excitation stomacale diminuée $\left(\dfrac{24}{D} < 1\right)$ avec un rapport $\dfrac{2400}{Q^fD}$ diminué, que ce dernier est au contraire augmenté relativement (sans être toujours et forcément > 1), il ne peut indiquer une augmentation du travail pancréatico-duodénal qui ne peut être et qui serait alors lié à un travail stomacal diminué. L'évacuation augmentée dans de pareilles conditions est nécessairement due à un degré plus ou moins grand de flaccidité pylorique.

De même alors l'évacuation de la première période $\dfrac{E}{60}$ ne signifie plus l'intensité du travail digestif pendant cette période.

Le travail digestif (stomacal et pancréatico-duodenal) pendant la première période n'est d'ailleurs indiqué par $\frac{E}{60}$ qu'après une correction du chiffre 60 suivant la durée de la période :

$E = 60$ est, en moyenne, l'évacuation normale pour 50 minutes,

soit t (une heure ordinairement) le temps avant l'extraction,

» d'' la durée de la deuxième période $\left(\frac{Q^f D}{2400} \times 10'\right)$ [1],

» d' la durée de la première période $(t - d'')$,

pour $t - d''$, E normal $= \dfrac{60 \times (t - d'')}{50}$

Il faut diviser l'E trouvé par $\dfrac{6 \times (t - d'')}{5}$

ce qui donne : $\dfrac{E \times 5}{6 \times (t - d'')}$ pour le rapport $\frac{E}{60}$ (corrigé)

Ces recherches d'éléments peu nombreux, faciles à constater, et leur interprétation après quelques calculs très simples sont plus longues à exposer qu'à exécuter, et ne paraîtront plus compliquées, après quelque temps de pratique, si on veut bien les essayer.

Suivant la mode actuelle, nous les exprimons par un graphique sur des tableaux imprimés conformes aux modèles ci-joints :

---

[1] Puisque nous considérons le rapport $\frac{Q^f D}{2400} = 1$ c.-à-d. $\frac{2400}{2400}$ comme correspondant à une durée de 10 minutes.

La première colonne verticale de chiffres indique les diverses grandeurs de $\frac{E}{60}$ corrigé,

La deuxième colonne verticale de chiffres indique les diverses grandeurs de $\frac{2400}{Q^r D}$,

La troisième colonne verticale de chiffres indique les diverses grandeurs de $\frac{24}{D}$.

Le partage fait entre les deux périodes, d'après le rapport $\frac{Q^r D}{2400}$, l'évacuation $\frac{E}{60}$ corrigé de la première période est indiquée à la hauteur voulue par un trait horizontal plus ou moins long suivant la durée de la première période (les traits verticaux séparent des intervalles de 10 minutes). Les deux rapports $\frac{2400}{Q^r D}$, $\frac{24}{D}$ sont indiqués à leur hauteur par deux traits horizontaux, l'un au-dessus de l'autre, plus ou moins longs suivant la durée de la deuxième période, le rapport $\frac{24}{D}$ en pointillé pour le distinguer du rapport $\frac{2400}{Q^r D}$

D'un coup d'œil on voit ainsi l'hyperexcitabilité simple, l'hypoexcitabilité simple, ou bien l'irritation stomacale (continuité du transit au-dessous de l'excitation stomacale), ou l'atonie du pylore (continuité du transit au-dessus de l'excitation stomacale) et, dans ce dernier cas, l'évacuation de la première période non liée à l'activité du travail digestif.

Quand l'évacuation de la première période indique en même temps l'activité du travail digestif, c'est-à-dire quand il n'y a pas d'atonie pylorique, les différences entre les deux périodes dépendent des modifications en plus ou en moins de la première excitation psychique[1], qui peuvent expliquer les hypers et les hypos retardés.

Ces mêmes modifications rendent compte des dérogations au mode progressif de l'affaiblissement nerveux des hypers qui, d'après nos observations, nous semble, jusqu'ici, se résumer ainsi :

au premier degré de la fatigue, diminution de la continuité du transit au-dessous de 1,

au deuxième degré de la fatigue, diminution de l'activité de la première période au-dessous de 1,

au troisième degré de la fatigue, diminution de l'excitation stomacale au-dessous de 1 (hypers devenus hypos secondaires).

Mais nous attendons pour développer les résultats de notre procédé d'analyse. Nous n'avons voulu que le décrire, dans ce premier travail.

(Ci-joint quelques spécimens de graphiques extraits de nos observations).

---

[1] Paulow a démontré (Loco cit. page 180) qu'au début de la digestion il y a, dans l'immense majorité des cas, une forte excitation centrale automatique, et que, plus ou moins de temps après, a lieu le jeu des excitations réflexes, pendant que l'excitation centrale psychique disparaît peu à peu.

I

Etat presque normal $\left\{\begin{array}{l} E = 60^{gr} \\ Q^f = 103^{cc} \\ D = 1{,}023 \end{array}\right\}$ $Q^fD = 2369$

E	1re période.	2e période.	2400	24 (pointillé)
60 (Corrigé)			QfD	D
2.			8	3
95			7.65	90
90			7.30	80
85			6.95	70
80			6.60	60
1.75			6.25	2.50
70			5.90	40
65			5.55	30
60			5.20	20
55			4.85	10
1.50			4.50	2
45			4.15	90
40			3.80	80
35			3.45	70
30			3.10	60
1.25			2.75	1.50
20			2.40	40
15			2.05	30
10			1.70	20
5			1.35	10
1	1 2 3 4 5 6		1	1
95			0.96	0.97
90			0.94	0.94
85			0.87	0.91
80			0.83	0.88
0.75			0.79	0.85
70			0.74	0.82
65			0.70	0.79
60			0.66	0.76
55			0.62	0.73
0.50			0.58	0.70
45			0.53	0.67
40			0.49	0.64
35			0.45	0.61
30			0.44	0.58
0.25			0.37	0.55
20			0.32	0.52
15			0.28	0.49
10			0.24	0.46
5			0.20	0.43
0			0.16	0.40

$\dfrac{Q^fD}{2400}$

Hyper simple

$$\left\{ \begin{array}{l} E = 104^{gr} \\ Q^f = 42^{cc} \\ D = 1,018 \end{array} \right\} \quad Q^f D = 756$$

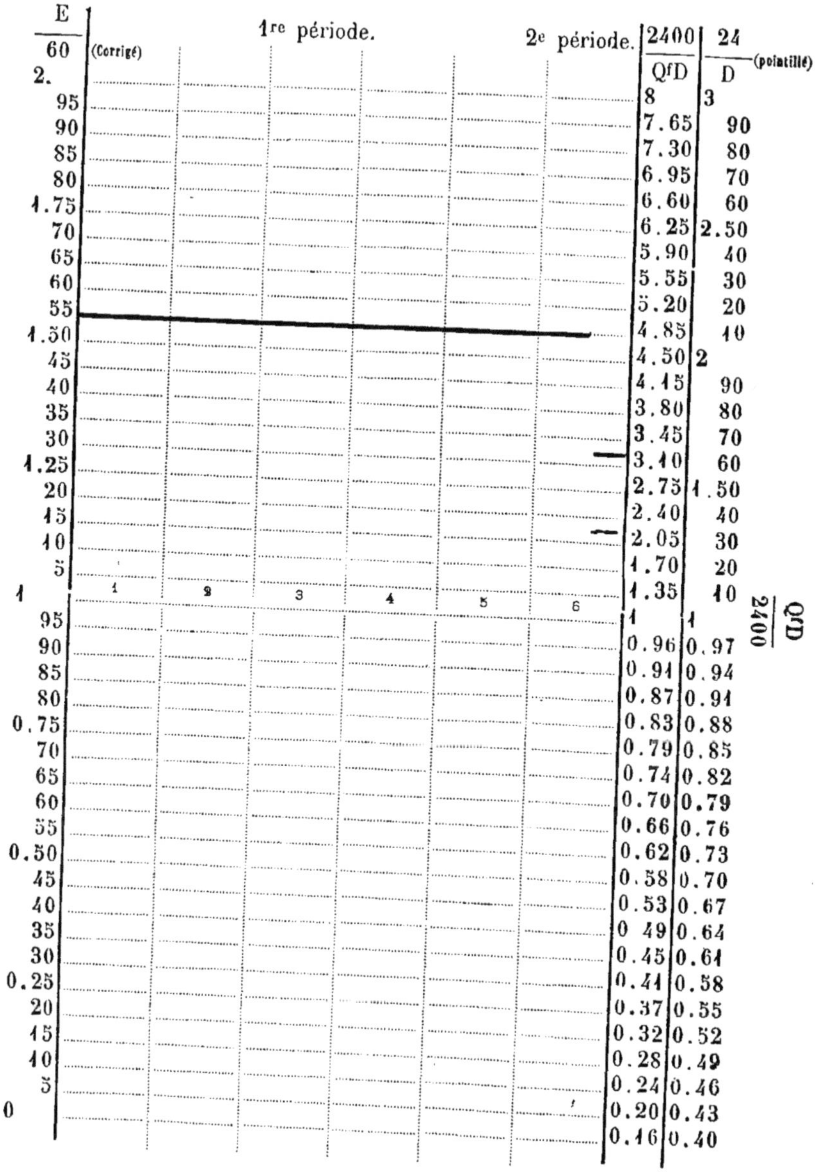

$\dfrac{E}{60}$ (Corrigé) — 1re période. — 2e période.

(pointillé)

$\dfrac{2400}{Q^f D}$	$\dfrac{24}{D}$
8	3
7.65	90
7.30	80
6.95	70
6.60	60
6.25	2.50
5.90	40
5.55	30
5.20	20
4.85	10
4.50	2
4.15	90
3.80	80
3.45	70
3.10	60
2.75	1.50
2.40	40
2.05	30
1.70	20
1.35	10
1	1
0.96	0.97
0.91	0.94
0.87	0.91
0.83	0.88
0.79	0.85
0.74	0.82
0.70	0.79
0.66	0.76
0.62	0.73
0.58	0.70
0.53	0.67
0.49	0.64
0.45	0.61
0.44	0.58
0.37	0.55
0.32	0.52
0.28	0.49
0.24	0.46
0.20	0.43
0.16	0.40

Left scale ($\dfrac{E}{60}$): 2. — 95 — 90 — 85 — 80 — 1.75 — 70 — 65 — 60 — 55 — 1.50 — 45 — 40 — 35 — 30 — 1.25 — 20 — 15 — 10 — 5 — 1 — 95 — 90 — 85 — 80 — 0.75 — 70 — 65 — 60 — 55 — 0.50 — 45 — 40 — 35 — 30 — 0.25 — 20 — 15 — 10 — 5 — 0

Horizontal axis: 1 2 3 4 5 6

$\dfrac{Q^f D}{2400}$

3   Hyper au 1er degré de fatigue

$$\left\{ \begin{array}{l} E = 76^{gr},5 \\ Q^f = 230^{cc} \\ D = 1,020 \end{array} \right\} \quad Q^fD = 4600$$

	1re période.	2e période.	$\dfrac{2400}{Q^fD}$	$\dfrac{24}{D}$ (pointillé)
(Corrigé)			8	3
95			7.65	90
90			7.30	80
85			6.95	70
80			6.60	60
1.75			6.25	2.50
70			5.90	40
65			5.55	30
60			5.20	20
55			4.85	10
1.50			4.50	2
45			4.15	90
40			3.80	80
35			3.45	70
30			3.10	60
1.25			2.75	1.50
20			2.40	40
15			2.05	30
10			1.70	20
5			1.35	10
1			1	1
95			0.96	0.97
90			0.94	0.94
85			0.87	0.94
80			0.83	0.88
0.75			0.79	0.85
70			0.74	0.82
65			0.70	0.79
60			0.66	0.76
55			0.62	0.73
0.50			0.58	0.70
45			0.53	0.67
40			0.49	0.64
35			0.45	0.61
30			0.41	0.58
0.25			0.37	0.55
20			0.32	0.52
15			0.28	0.49
10			0.24	0.46
5			0.20	0.43
0			0.16	0.40

$\dfrac{Q^fD}{2400}$

Hyper au 2ᵉ degré de fatigue

$$\left\{ \begin{array}{l} E = 43^{gr} \\ Q^f = 284^{cc} \\ D = 1,019 \end{array} \right\} \quad Q^f D = 5396$$

$\dfrac{E}{60}$	1ʳᵉ période.	2ᵉ période.	$\dfrac{2400}{Q^fD}$	$\dfrac{24}{D}$ (pointillé)
(Corrigé)				
2.			8	3
95			7.65	90
90			7.30	80
85			6.95	70
80			6.60	60
1.75			6.25	2.50
70			5.90	40
65			5.55	30
60			5.20	20
55			4.85	10
1.50			4.50	2
45			4.15	90
40			3.80	80
35			3.45	70
30			3.10	60
1.25			2.75	1.50
20			2.40	40
15			2.05	30
10			1.70	20
5			1.35	10
1			1	1
95			0.96	0.97
90			0.91	0.94
85			0.87	0.91
80			0.83	0.88
0.75			0.79	0.85
70			0.74	0.82
65			0.70	0.79
60			0.66	0.76
55			0.62	0.73
0.50			0.58	0.70
45			0.53	0.67
40			0.49	0.64
35			0.45	0.61
30			0.41	0.58
0.25			0.37	0.55
20			0.32	0.52
15			0.28	0.49
10			0.24	0.46
5			0.20	0.43
0			0.16	0.40

$\dfrac{Q^fD}{2400}$

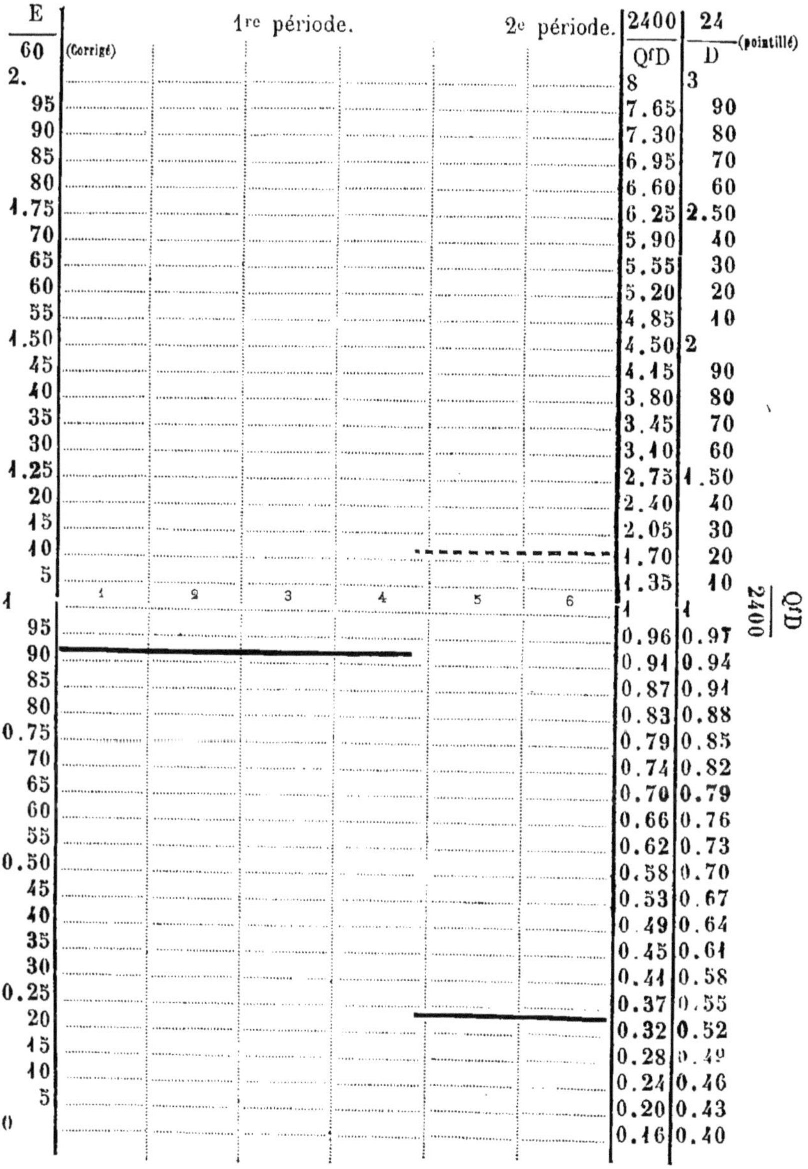

5

Hyper au 3ᵉ degré de fatigue devenu hypo secondaire.

$$\left\{ \begin{aligned} E &= 10^{gr} \\ Q^f &= 310^{cc} \\ D &= 1{,}035 \end{aligned} \right\} \quad Q^f D = 10850$$

$\dfrac{E}{}$ (Corrigé)	1ʳᵉ période.	2ᵉ période.	$\dfrac{2400}{Q^f D}$	$\dfrac{24}{D}$ (pointillé)
60				
2.			8	3
95			7.65	90
90			7.30	80
85			6.95	70
80			6.60	60
1.75			6.25	2.50
70			5.90	40
65			5.55	30
60			5.20	20
55			4.85	10
1.50			4.50	2
45			4.15	90
40			3.80	80
35			3.45	70
30			3.10	60
1.25			2.75	1.50
20			2.40	40
15			2.05	30
10			1.70	20
5			1.35	10
1			1	1
95			0.96	0.97
90			0.91	0.94
85			0.87	0.91
80			0.83	0.88
0.75			0.79	0.85
70			0.74	0.82
65			0.70	0.79
60			0.66	0.76
55			0.62	0.73
0.50			0.58	0.70
45			0.53	0.67
40			0.49	0.64
35			0.45	0.61
30			0.41	0.58
0.25			0.37	0.55
20			0.32	0.52
15			0.28	0.49
10			0.24	0.46
5			0.20	0.43
0			0.16	0.40

Axe horizontal : 1 2 3 4 5 6

$\dfrac{Q^f D}{2400}$

Hypo simple

$$\left\{ \begin{array}{l} E = 24^{gr} \\ Q^f = 96^{cc} \\ D = 1{,}037 \end{array} \right\} \quad Q^f D = 3552$$

$\dfrac{E}{60}$ (Corrigé)   1re période.   2e période.

E axis (Corrigé): 2. — 95 — 90 — 85 — 80 — 1.75 — 70 — 65 — 60 — 55 — 1.50 — 45 — 40 — 35 — 30 — 1.25 — 20 — 15 — 10 — 5 — 1 — 95 — 90 — 85 — 80 — 0.75 — 70 — 65 — 60 — 55 — 0.50 — 45 — 40 — 35 — 30 — 0.25 — 20 — 15 — 10 — 5 — 0

Abscissa: 1   2   3   4   5   6

$\dfrac{2400}{Q^f D}$	$\dfrac{24}{D}$ (pointillé)
8	3
7.65	90
7.30	80
6.95	70
6.60	60
6.25	2.50
5.90	40
5.55	30
5.20	20
4.85	10
4.50	2
4.15	90
3.80	80
3.45	70
3.40	60
2.75	1.50
2.40	40
2.05	30
1.70	20
1.35	10
1	1
0.96	0.97
0.91	0.94
0.87	0.91
0.83	0.88
0.79	0.85
0.74	0.82
0.70	0.79
0.66	0.76
0.62	0.73
0.58	0.70
0.53	0.67
0 49	0.64
0.45	0.61
0.41	0.58
0.37	0.55
0.32	0.52
0.28	0.49
0.24	0.46
0.20	0.43
0.16	0.40

$\dfrac{Q^f D}{2400}$

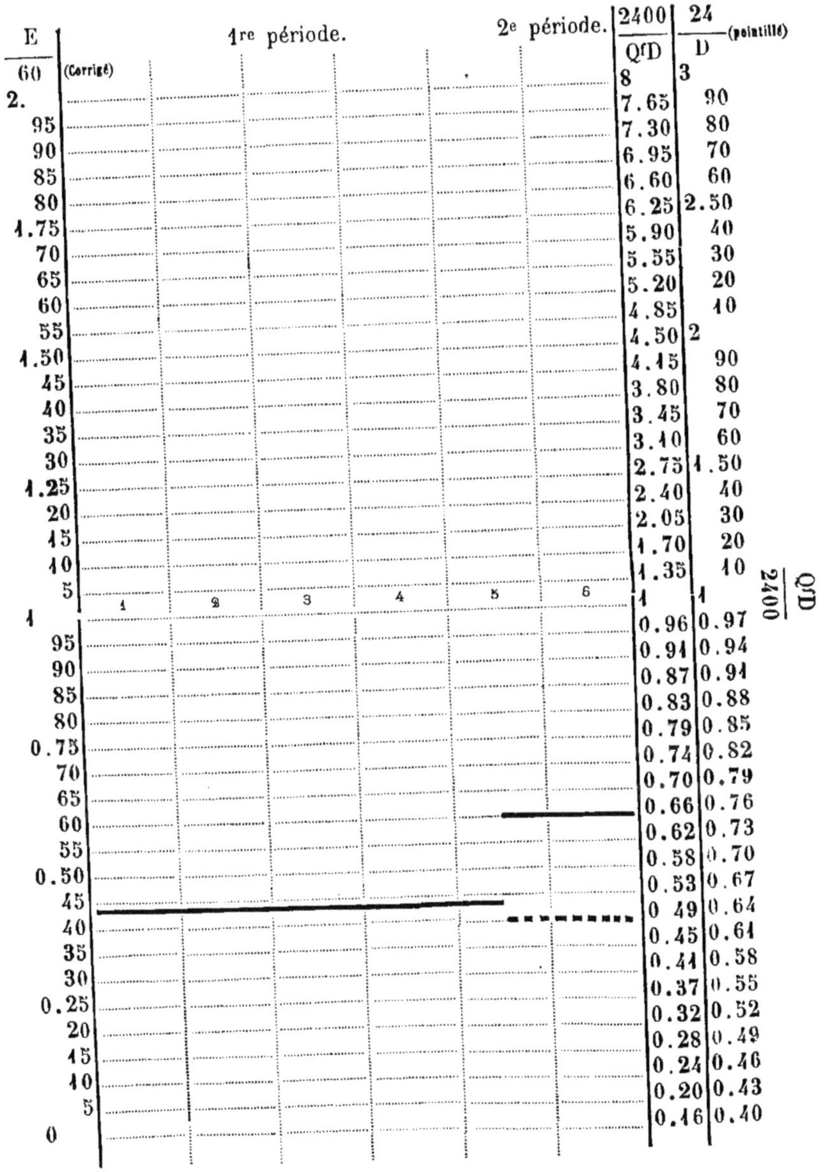

7

Insuffisance pylorique à un léger degré

$$\left\{ \begin{array}{l} E == 91^{gr} \\ Q^f == 86^{cc} \\ D == 1{,}037 \end{array} \right\} \quad Q^fD == 3182$$

1re période.   2e période.

$\dfrac{E}{60}$ (Corrigé)	$\dfrac{2400}{Q^fD}$	$\dfrac{24}{D}$ (pointillé)
2.	8	3
95	7.65	90
90	7.30	80
85	6.95	70
80	6.60	60
1.75	6.25	2.50
70	5.90	40
65	5.55	30
60	5.20	20
55	4.85	10
1.50	4.50	2
45	4.15	90
40	3.80	80
35	3.45	70
30	3.10	60
1.25	2.75	1.50
20	2.40	40
15	2.05	30
10	1.70	20
5	1.35	10
1	1	1
95	0.96	0.97
90	0.91	0.94
85	0.87	0.91
80	0.83	0.88
0.75	0.79	0.85
70	0.74	0.82
65	0.70	0.79
60	0.66	0.76
55	0.62	0.73
0.50	0.58	0.70
45	0.53	0.67
40	0.49	0.64
35	0.45	0.61
30	0.41	0.58
0.25	0.37	0.55
20	0.32	0.52
15	0.28	0.49
10	0.24	0.46
5	0.20	0.43
0	0.16	0.40

$\dfrac{Q^fD}{2400}$

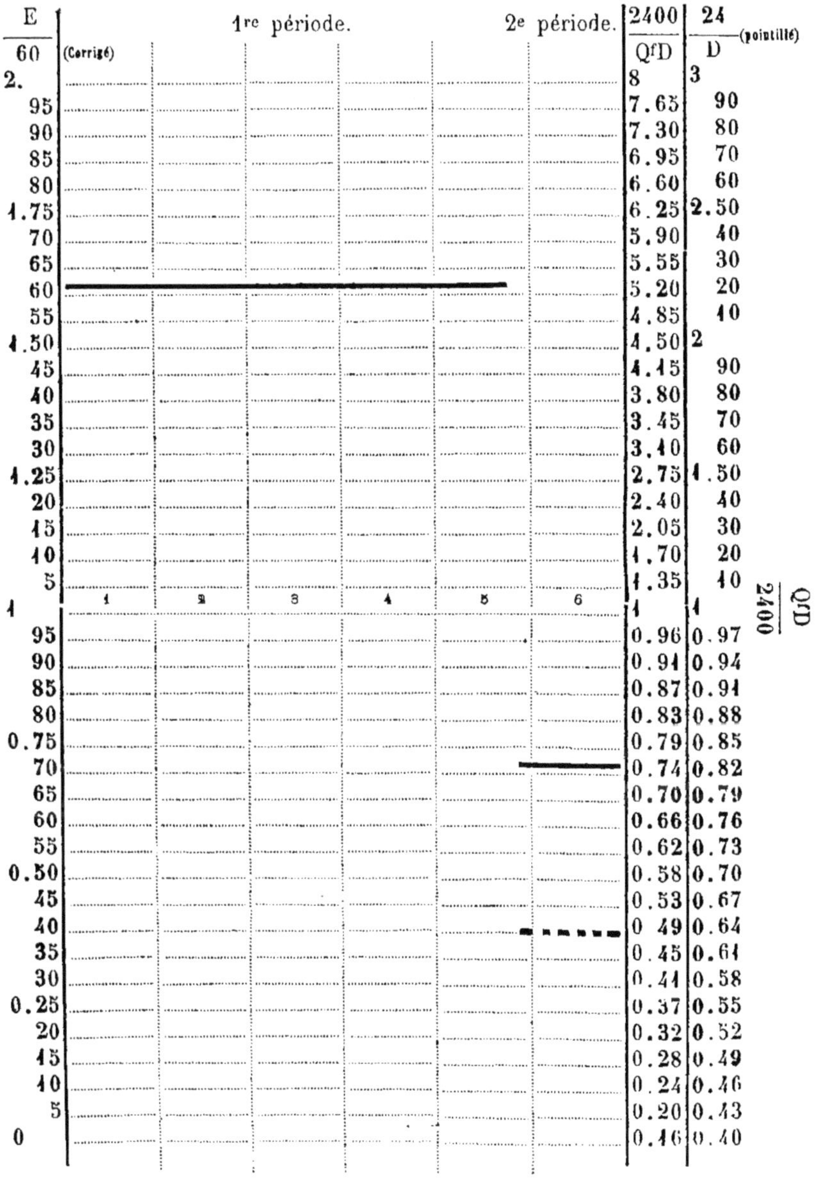

8

Insuffisance pylorique à un degré plus fort
(le même malade)

$$E = 115^{gr} \qquad Q^f = 39^{cc} \qquad D = 1{,}036 \qquad Q^f D = 1404$$

E / 60 (Corrigé)	1re période.	2e période.	$\dfrac{2400}{Q^f D}$	$\dfrac{24}{D}$ (pointillé)
2.			8	3
95			7.65	90
90			7.30	80
85			6.95	70
80			6.60	60
1.75			6.25	2.50
70			5.90	40
65			5.55	30
60			5.20	20
55			4.85	10
1.50			4.50	2
45			4.15	90
40			3.80	80
35			3.45	70
30			3.10	60
1.25			2.75	1.50
20			2.40	40
15			2.05	30
10			1.70	20
5			1.35	10
1			1	1
95			0.96	0.97
90			0.91	0.94
85			0.87	0.91
80			0.83	0.88
0.75			0.79	0.85
70			0.74	0.82
65			0.70	0.79
60			0.66	0.76
55			0.62	0.73
0.50			0.58	0.70
45			0.53	0.67
40			0.49	0.64
35			0.45	0.61
30			0.44	0.58
0.25			0.37	0.55
20			0.32	0.52
15			0.28	0.49
10			0.24	0.46
5			0.20	0.43
0			0.16	0.40

Colonnes de base : 1, 2, 3, 4, 5, 6.

9

Hypo retardé
augmentation de l'excitation psychique

$$E = 87^{gr}$$
$$Q^f = 117^{cc}$$
$$D = 1{,}035$$
$$Q^f D = 4095$$

1re période. 2e période.

Échelle $\dfrac{E}{60}$ (Corrigé) — colonnes $\dfrac{2400}{Q^f D}$ et $\dfrac{24}{D}$ (pointillé) — $\dfrac{Q^f D}{2400}$

$\dfrac{E}{60}$	$\dfrac{2400}{Q^f D}$	$\dfrac{24}{D}$ (pointillé)
2.	8	3
95	7.65	90
90	7.30	80
85	6.95	70
80	6.60	60
1.75	6.25	2.50
70	5.90	40
65	5.55	30
60	5.20	20
55	4.85	10
1.50	4.50	2
45	4.15	90
40	3.80	80
35	3.45	70
30	3.10	60
1.25	2.75	1.50
20	2.40	40
15	2.05	30
10	1.70	20
5	1.35	10
1	1	1
95	0.96	0.97
90	0.91	0.94
85	0.87	0.91
80	0.83	0.88
0.75	0.79	0.85
70	0.74	0.82
65	0.70	0.79
60	0.66	0.76
55	0.62	0.73
0.50	0.58	0.70
45	0.53	0.67
40	0.49	0.64
35	0.45	0.61
30	0.41	0.58
0.25	0.37	0.55
20	0.32	0.52
15	0.28	0.49
10	0.24	0.46
5	0.20	0.43
0	0.16	0.40

Abscisses (périodes) : 1 2 3 4 5 6

Hypo retardé
avec irritation gastrique

$$E = 80^{gr}$$
$$Q^f = 179^{cc}$$
$$D = 1{,}026$$
$$Q^f D = 4654$$

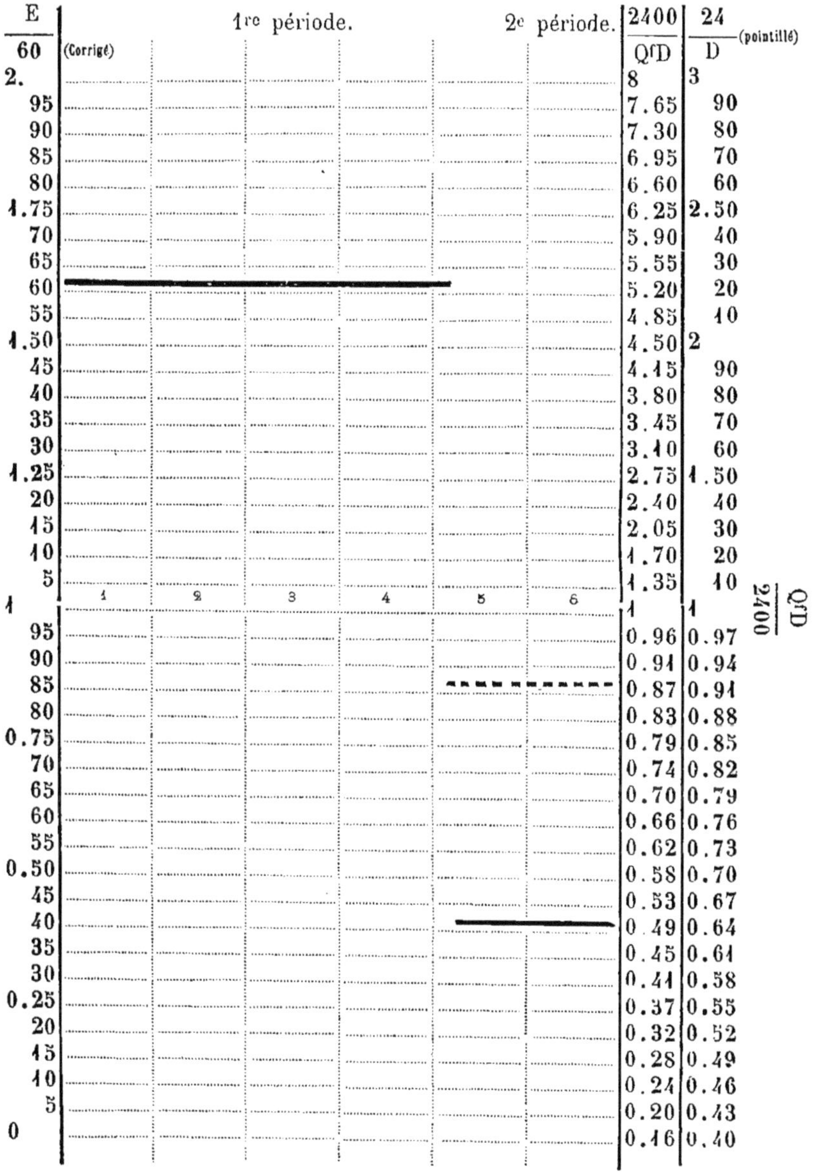

E		1re période.	2e période.	$\dfrac{2400}{Q^fD}$	$\dfrac{24}{D}$ (pointillé)
60	(Corrigé)				
2.				8	3
95				7.65	90
90				7.30	80
85				6.95	70
80				6.60	60
1.75				6.25	2.50
70				5.90	40
65				5.55	30
60				5.20	20
55				4.85	10
1.50				4.50	2
45				4.15	90
40				3.80	80
35				3.45	70
30				3.10	60
1.25				2.75	1.50
20				2.40	40
15				2.05	30
10				1.70	20
5				1.35	10
1	1	2	3	4	5	6	1	1
95				0.96	0.97
90				0.94	0.94
85				0.87	0.91
80				0.83	0.88
0.75				0.79	0.85
70				0.74	0.82
65				0.70	0.79
60				0.66	0.76
55				0.62	0.73
0.50				0.58	0.70
45				0.53	0.67
40				0.49	0.64
35				0.45	0.61
30				0.41	0.58
0.25				0.37	0.55
20				0.32	0.52
15				0.28	0.49
10				0.24	0.46
5				0.20	0.43
0				0.16	0.40

$$\dfrac{Q^fD}{2400}$$

I I

Diminution de l'excitation psychique
Excitation réflexe normale.

$$\begin{cases} E = 22^{gr} \\ Q^f = 106^{cc} \\ D = 1,023 \end{cases} \quad Q^f D = 2458$$

$\dfrac{E}{60}$ (Corrigé)	1re période. — 2e période.	$\dfrac{2400}{Q^fD}$	$\dfrac{24}{D}$ (pointillé)
2.		8	3
95		7.65	90
90		7.30	80
85		6.95	70
80		6.60	60
1.75		6.25	2.50
70		5.90	40
65		5.55	30
60		5.20	20
55		4.85	10
1.50		4.50	2
45		4.15	90
40		3.80	80
35		3.45	70
30		3.10	60
1.25		2.75	1.50
20		2.40	40
15		2.05	30
10		1.70	20
5		1.35	10
1		1	1
95		0.96	0.97
90		0.91	0.94
85		0.87	0.91
80		0.83	0.88
0.75		0.79	0.85
70		0.74	0.82
65		0.70	0.79
60		0.66	0.76
55		0.62	0.73
0.50		0.58	0.70
45		0.53	0.67
40		0.49	0.64
35		0.45	0.61
30		0.44	0.58
0.25		0.37	0.55
20		0.32	0.52
15		0.28	0.49
10		0.24	0.46
5		0.20	0.43
0		0.16	0.40

The first period graph columns are numbered 1, 2, 3, 4, 5, 6.

$$\dfrac{Q^fD}{2400}$$

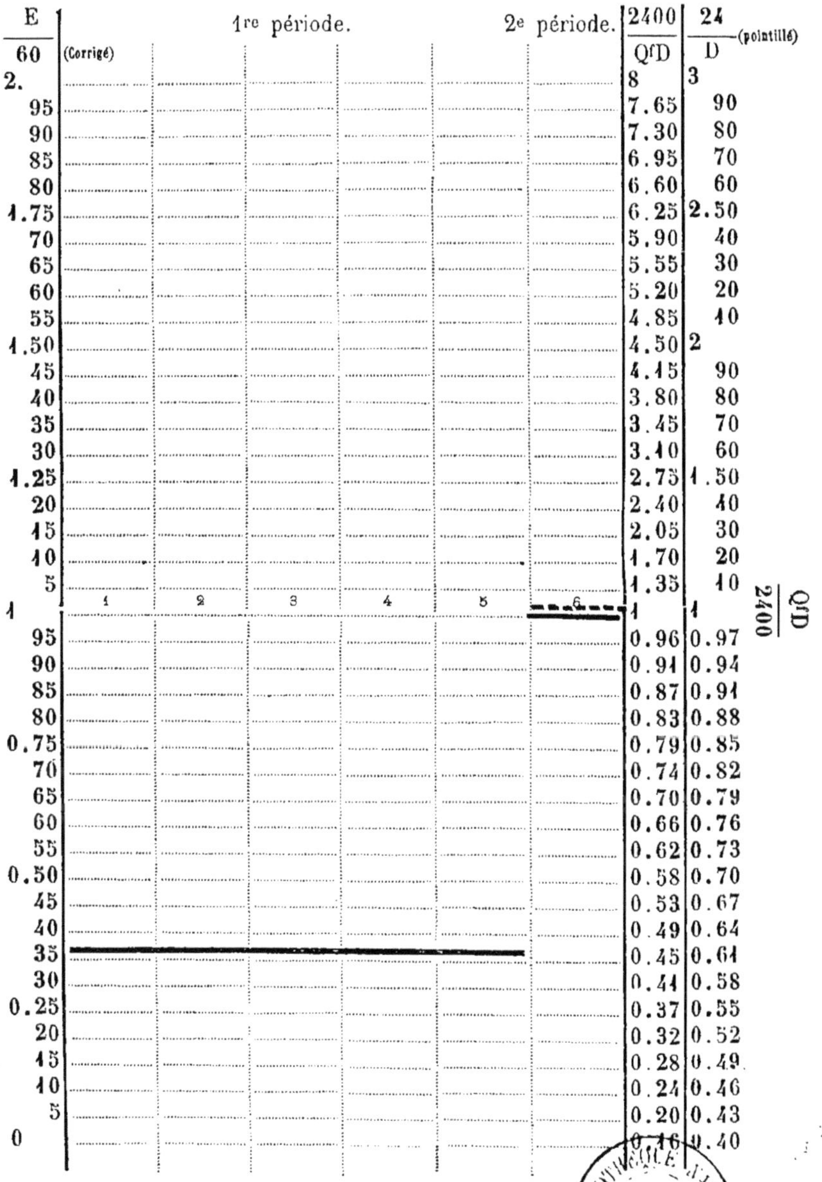

9 782019 628222